Helmut Bechtel · KORALLENFISCHE

Helmut Bechtel

Korallenfische

LANDBUCH-VERLAG GMBH · HANNOVER

Schutzumschlag und alle Fotos
vom Verfasser

ISBN 3 7842 0120 2
Gesamtherstellung: Landbuch-Verlag GmbH, Hannover
Printed in Germany
1974

Einleitung

Wer einmal in einem Korallenriff getaucht oder geschnorchelt hat, wird dieses Erlebnis so bald nicht vergessen. Er hat eine völlig neue Welt kennengelernt, eine Landschaft und Tierwelt, wie wir sie nirgendwo anders finden können als an den tropischen Küsten und Inseln. Es ist eine Welt von großer Stille und atemberaubender Farbigkeit. Nur wenige Minuten brauchen wir, um in sie einzutauchen. Die Landschaft unter Wasser ist viel bizarrer, viel fremdartiger und eindrucksvoller als etwa Bilder vom fernen Mond. Bewegen wir uns behutsam und ohne Hast im Meer, so erscheinen viele Fische wieder, die zuerst vor uns flohen. Es kann geschehen, daß wir plötzlich inmitten eines Fischschwarmes schwimmen — beinahe selbst ein Fisch. Wer zum ersten Mal ein intaktes Korallenriff erlebt, kann sich kaum zurechtfinden in der verwirrenden Vielfalt der Fischwelt, den unerwarteten Variationen von Farbe, Form und Zeichnung. Gewiß, richtig erkunden können wir das Riff erst, wenn wir, mit einem Atemgerät ausgerüstet, lange genug unter Wasser bleiben können. Da die Riffe jedoch fast bis zur Wasseroberfläche aufragen und bei Ebbe teilweise bloßliegen, kann auch der Schnorchler, ja sogar der Strandwanderer an der Schönheit der Unterwasserwelt teilhaben. Wer in einem günstig gelegenen Riff bei Ebbe die oft winzigen Fluttümpel aufsucht, wird, ohne selbst ins Wasser steigen zu müssen, wunderschöne Fische entdecken. Die meisten von ihnen verschwinden, von den Erschütterungen gewarnt, wenn wir nahen. Warten wir eine Weile, so wagen sie sich aus ihren Schlupflöchern hervor.

In einem nicht einmal einen Quadratmeter großen Tümpel beobachtete ich z. B. auf einem Seychellen-Atoll einen jungen Nikobaren-Kaiserfisch, Putzerfische, farbenprächtige Lippfische anderer Gattungen und halb im Sand versteckt, drei oder vier groß-äugige Schleimfische. In einem noch kleineren Bekken auf Ceylon spielte ein Paar blau-orangefarbener Augenfleck-Riffbarsche, und dicht daneben lauerte im Tang versteckt eine Weißaugen-Muräne. Auf Tahiti konnte ich von einem Landungssteg aus, der vom Hotel über das Riff führt, stundenlang eine vielfältige Fischwelt beobachten. Zwergkaiserfische, Preußenfische, Drückerfische und viele andere tummelten sich dort, bis die Flut alles überspülte. Dicht unter mir spielte sich die Jagd eines Trompetenfisches auf einen schwarzen Dreifleck-Preußenfisch ab. Ich konnte in aller Ruhe zusehen, wie sich der schlanke Raubfisch an sein Opfer heranschlich und sich lange mit dem für ihn beinahe zu großen Brocken abplagte.

Reicher noch sind die Erlebnisse unter Wasser. Ich war sicher nicht der erste, der seine Begeisterung beim Schnorcheln mit einem schlafraubenden Sonnenbrand bezahlte. Erfahrene Taucher und Fischfänger gehen nicht ohne Grund mit Hemd ins Wasser. Doch die fesselnde Welt unter Wasser läßt den Beobachter immer wieder Zeit und Sonne vergessen. Trotz Hemd und trotz zeitweiser Exkursion

in tiefere Wasserschichten blieb es nicht nur bei e i n e m Sonnenbrand.
Während im Inneren eines Atolls oder in den der Küste zugewandten Lagunen das Schwimmen und Tauchen kaum Mühe bereiten, muß man an der dem Meer zu gelegenen Seite oft mit der Brandung kämpfen, um nicht über die scharfen Kanten der Korallenstöcke getrieben zu werden. Von besonderem Zauber aber sind die Riffabhänge, dort, wo sich die Unterwasserwelt in undurchsichtigem Blau verliert und wo auch dem Menschen gefährliche Raubfische patrouillieren können. In den von Licht und Sauerstoff durchfluteten oberen Wasserschichten jedoch überwältigt die Schönheit und Fülle der Fischwelt am stärksten.
Oft wissen wir nicht, wohin wir uns zuerst wenden sollen. Zauberhaften Faltern ähnlich spielt ein Paar gelbroter Schmetterlingsfische im Licht dicht unter der Wasseroberfläche, einige Schwimmzüge weiter begegnen wir einer neuen Art, beinahe noch farbenprächtiger als die erste. Gleiten wir, mehr getrieben als schwimmend, über sie hinweg, so weichen sie aus, ohne in ihren Schlupflöchern zu verschwinden. Sie sind so standorttreu, daß wir

uns bei unseren Ausflügen im Riff nach ihnen orientieren können. Etwas weiter draußen sehen wir uns plötzlich inmitten eines Schwarmes silbriger, senkrechtgestreifter Doktorfische. Einen Meter tiefer, wo Seegras und Tange den sandigen Boden überziehen, stehen zwei himmelblaue Weißkehl-Doktorfische, unweit von ihnen taucht ein Trupp roter Soldatenfische auf. Plötzlich schießt ein großer Fisch, ohne daß ich ihn richtig erkennen kann, aufgeschreckt unter einen Felsvorsprung, um kurz darauf vorsichtig mit dem Vorderkörper ins freie Wasser zu gleiten. Zwei riesige Augen glotzen mich an — es ist ein großer Igelfisch, der hier unter Wasser — so harmlos er ist — unheimlich wirkt.

Die Stöcke stark verästelter Korallen sind der Standort hellblauer Riffbarsche und schwarz-weißer Preußenfische. Einer blauen Wolke gleich brodelt die Schar der Riffbarsche um die Koralle. Schwimmen wir heran, so ist der Spuk blitzschnell verschwunden. Lange allerdings halten es die lebhaften Fische nicht in ihrem Versteck aus.

Erlebnis über Erlebnis reiht sich beim Besuch eines tropischen Riffes aneinander, viele nie zuvor gesehene Fische ziehen an uns vorüber. Noch Monate und Jahre später stehen diese Eindrücke bildhaft in unserer Erinnerung. Immer aufs neue lockt die Unterwasserwelt, immer stärker wird der Wunsch, Korallenfische zu besitzen und einen kleinen Ausschnitt dieser wunderbaren Welt ins eigene Heim zu holen.

Ein gut eingerichtetes Korallenfischaquarium vermittelt nur einen Abglanz dieser Unterwasserwelt und bietet doch ein faszinierendes Bild. In welchem Aquarianer würde sein Anblick nicht den Wunsch erwecken, auch einen kleinen Ausschnitt aus der Wunderwelt der tropischen Korallenriffe im eigenen Heim aufzubauen? Ein Wunsch, der heute leichter denn je Wirklichkeit werden kann. Trotzdem: die Probleme, die wir bei der Einrichtung eines Meeresaquariums zu bewältigen haben, sind viel größer als bei einem Becken für Süßwasserfische. Das biologische Gleichgewicht ist im Meeresaquarium schon deshalb schwerer aufrechtzuerhalten, weil wir in der Regel auf Pflanzen verzichten müssen, die uns in dieser Hinsicht im Süßwasseraquarium viele Sorgen abnehmen. Beschäftigen wir uns aber intensiv mit den Korallenfischen, so werden wir die gleiche Freude an tropischen Meeresfischen haben

wie an Süßwasserfischen. Die Nachzucht von Meeresfischen wird uns allerdings kaum gelingen. Sie ist immer noch die ganz große Ausnahme.
Vielleicht gelingt es eines Tages, Meeresfische regelmäßig in der Gefangenschaft zu vermehren. Bevor dies aber möglich ist, sollten wir bedenken, daß die Korallenriffe und ihre Bewohner heutzutage durch die Schädigung der Umwelt im allgemeinen, durch sinnlose Unterwasserjagd und rücksichtslose Ausbeutung in ihrem Bestand gefährdet sind. Als Naturfreunde sollten wir nicht mithelfen, das Ende dieser einmaligen Naturwunder zu beschleunigen. Wir sollten nur Fische halten, die wir wirklich über eine lange Zeit hinweg pflegen können. Es wäre verantwortungslos, auch wenn das Geld keine Rolle spielt, ständig neuen Nachwuchs für ein dekoratives Schaubecken zu kaufen. Wir sollten die Tiere, die sich in unserer Obhut befinden, genau beobachten und solange wie möglich am Leben erhalten. Auf diese Art und Weise tragen wir am ehesten dazu bei, das Leben der Meeresfische zu erforschen, über das wir noch viel zu wenig wissen.
Der Begriff Korallenfisch besitzt keine systematische Bedeutung. Wir fassen unter diesem Wort die

Fische zusammen, die tropische, von Korallen errichtete Riffe bewohnen und meinen vor allem die farbenprächtigen Arten. Es sind Fische ganz verschiedener Familien. Die Arten einiger Familien – zum Beispiel die der Papageifische, der Schmetterlingsfische und der Kaiserfische – finden wir fast ausschließlich in Korallenriffen. So schön diese typischen Korallenfische sind, so schwierig sind sie im Aquarium zu pflegen. Sie haben sich so stark auf das Leben innerhalb der Riffe spezialisiert, daß sie nur dort ihre Nahrung finden, die wir oft nicht einmal kennen. Es ist schwierig, solche Fische an Ersatznahrung zu gewöhnen. Auf keinen Fall sollten wir Arten erwerben, von denen wir von vornherein wissen, daß sie bei uns nicht aushalten werden. Der verantwortungsvolle Importeur weiß das und verzichtet auf die Einfuhr einer größeren Anzahl besonders empfindlicher Tiere. Wir sollten bedenken, daß Tiere keine Ware sind, daß jeder neue Fang und der Transport den Tod vieler Fische mit sich bringt, bevor sie überhaupt bis zu uns gekommen sind. Wie groß der Unterschied zwischen einem geschützten und einem ausgebeuteten Korallenriff ist, sieht beispielsweise, wer in den unberührten Korallengärten der Seychellen taucht oder in den Riffen Ceylons, wo jeder seine Beute aus dem Meer holen kann. In diesem Zusammenhang sei auch ein Wort zum Selbstfang von Korallenfischen gesagt.

Sicher ist es reizvoll, lebende Fische als Urlaubsandenken mitzubringen, sie zu Hause einzugewöhnen und vielleicht sogar jahrelang zu halten. Fast immer jedoch überwiegen Mißerfolge. Mancher Seewasseraquarianer kam mit Plastiktüten voll toter Fische nach Hause. Am besten überlassen wir Fang und Transport dem Fachmann und beobachten statt dessen die Fische unter Wasser. Die Verluste sind heute – dank des schnellen Transportes mit dem Flugzeug – viel geringer geworden als früher, und der erfahrene Fänger weiß, wie er die einzelnen Fische am günstigsten verpackt. Der gewissenhafte Importeur bringt sie sofort in entsprechend vorbereiteten Becken unter und hält so – auch im eigenen Interesse – die Verluste relativ niedrig.

Den schwierigen Arten, das sei noch einmal gesagt, sollte sich nur der fortgeschrittene Seewasseraquarianer zuwenden. Es gibt viele anspruchslose und doch wunderschöne Korallenfische, bei deren Pflege auch der Anfänger Erfahrungen sammeln kann, ohne daß große Verluste zu befürchten sind. Zu diesen Fischen gehören Riffbarsche, darunter die überaus interessanten Anemonenfische, die außerdem recht preiswert sind. Viele Lippfische, Drückerfische und Feuerfische erweisen sich, einmal eingewöhnt, ebenfalls als dankbare Pfleglinge für den Anfänger. Während der Süßwasseraquarianer, der seine Liebhaberei nicht mit allzu großen Ambitionen betreibt, mit einem Gesellschaftsbecken auskommt und dort durchaus die Erfüllung seiner Wünsche finden kann, benötigt der Seewasseraquarianer aus vielen Gründen mehrere Becken. Jeder neue Fisch gehört in Quarantäne, bevor wir ihn in ein Gesellschaftsaquarium setzen. Kranke Fische müssen unter Umständen zur Behandlung in ein gesondertes Becken gesetzt werden.

Viele Korallenfische sind ausgesprochene Individualisten, die ein festes Revier besitzen, das sie anderen Fischen gegenüber, vor allem der eigenen Art, verteidigen; langsame Fresser kommen zu kurz, wenn sie mit gefräßigen Fischen gemeinsam untergebracht werden; Streitende müssen wir trennen. Zwischen einzelnen Korallenfischen, auch verschiedener Arten, können sich Feindschaften entwickeln, und selbst in einem großen Seewasserbecken sind die Ausweichmöglichkeiten für Rivalen oft nicht groß genug. Das Ergebnis einer falschen Besetzung kann den Tod der schwächeren Fische bedeuten. Das heißt aber nicht, daß wir auf ein attraktives, mit Seewasserfischen besetztes Gesellschaftsbecken verzichten müssen.

Die Einrichtung eines Meeresaquariums, sein Betrieb und die Pflege seiner Bewohner – Fische wie niedere Tiere – setzen genaue Kenntnisse und mannigfaltige Erfahrungen voraus. Sogar wenn wir relativ anspruchslose und widerstandsfähige Korallenfische pflegen wollen, verlangt unser Hobby mehr technisches Grundwissen und intensivere Arbeit als die Pflege vieler Süßwasserfische.

Es ist unmöglich, im Rahmen dieses kleinen Buches eine vollständige Anleitung für die Einrichtung und Unterhaltung eines Korallenaquariums zu geben. Sein Hauptanliegen ist vielmehr, einige besonders wichtige und schöne Korallenfische vorzustellen und ihre besonderen Eigenarten zu nennen. Wer sich entschließt, ein Meeresaquarium einzurichten, sollte sich möglichst umfassend informieren. Das Literaturverzeichnis auf den Seiten 139/40 kann dabei helfen. Mit nur einem Buch wird niemand auskommen. Die Erfahrungen und Erkenntnisse der einzelnen Autoren sind — wegen der vielen eine Rolle spielenden Faktoren — zu unterschiedlich. Beispielsweise wird der Leiter eines öffentlichen Schauaquariums mit seinen großen Möglichkeiten zu ganz anderen Urteilen über die Eignung eines Fisches für das Meeresaquarium gelangen als der Liebhaber, der sich nur am Feierabend mit seinen Fischen beschäftigen kann, zumal wenn er sich in seinen Mitteln bescheiden muß.

Die folgenden Hinweise können nur einen knappen Überblick über die Probleme geben, die bei der Einrichtung eines Meereaquariums auftauchen.

Bei der Wahl des Beckens bedenken wir, daß es schwierig ist, Metall und Kitt vor dem salzhaltigen Seewasser zu schützen. Rahmlose Aquarien aus Plexiglas oder aus geklebtem Kristallglas oder aber Eternitbecken mit nur einer Sichtseite werden deshalb oft bevorzugt. Das Becken braucht nicht am Fenster zu stehen, da es sowieso elektrisch beleuchtet werden muß. Bei der Wahl des Standortes sollten wir bedenken, daß Möbel, Teppiche usw.

von verdunstendem Salzwasser angegriffen werden, eine dichtschließende Abdeckung jedoch das Entweichen überflüssiger Kohlensäure verhindert. Je größer das Gesellschaftsbecken ist, um so leichter läßt sich das biologische Gleichgewicht aufrechterhalten. Becken mit weniger als 100 Liter Inhalt sind ungeeignet.

Die Beschaffung von geeignetem Wasser ist heute kein Problem mehr. Es gibt fertig gemischte Trokkenpräparate, die alle festen Bestandteile des Meerwassers einschließlich der Spurenelemente enthalten. Wir müssen sie im vorgeschriebenen Verhältnis mit destilliertem Wasser, sauberem Regenwasser oder aufbereitetem Leitungswasser mischen, dürfen aber nicht versäumen, die Dichte bzw. das spezifische Gewicht genau zu regulieren. Mit der Besetzung eines neueingerichteten Aquariums mit Fischen warten wir vier bis sechs Wochen, damit sich Grünalgen bilden können und sich der pH-Wert ausbalanciert. Der pH-Wert ist das Maß für den Säure- bzw. Basengehalt des Wassers. Natürliches Meerwasser ist leicht basisch.

Die Gesunderhaltung des Wassers und die Gleichmäßigkeit seiner Zusammensetzung erfordern unsere größte Aufmerksamkeit. Viele Korallenfische reagieren bereits auf geringfügige Schwankungen. Wir prüfen deshalb regelmäßig die Dichte, den Nitratgehalt und den pH-Wert des Wassers. Testgeräte und Reagenzien erleichtern diese Arbeit. Besonderes Augenmerk sollten wir dem Nitratgehalt widmen, der durch die Ausscheidungen der Tiere und durch Futterreste steigt. Ohne Korrekturen würden sich die Lebensbedingungen im Aquarium schnell verschlechtern. Die tropischen Riffbewohner sind Warmwasserfische, die Normaltemperatur unseres Aquariums sollte zwischen + 25 und + 26° Celsius liegen.

Von großer Bedeutung sind Belüftung und Zirkulation des Wassers sowie der Abbau organischer Stoffe, wie Ausscheidungen der Fische und Futterstoffe. Das ständig von der Brandung bewegte Wasser der Riffzonen ist äußerst sauerstoffreich, und seine Bewohner stellen auch bei uns ähnlich hohe Ansprüche. Selbstverständlich muß das Wasser unseres Aquariums ständig gefiltert, also gesäubert werden. Der Filter soll möglichst leistungsfähig sein und eine starke Wasserströmung erzeugen. Die Zufuhr von Ozon und die Bestrahlung mit

UV-Licht halten das Wasser keimfrei. Ein Eiweißabschäumer, der sich mit dem Ozonisator kombinieren läßt, beseitigt organische Rückstände.
Die meisten für uns in Betracht kommenden Korallenfische leben im vom tropischen Licht durchfluteten flachen Wasser. Das Korallenaquarium muß deshalb heller beleuchtet werden als ein Süßwasserbecken. Geschickte Einrichtung verschafft Fischen, die weniger Licht mögen, die Gelegenheit, halbschattige Plätze aufzusuchen.
Bei der Einrichtung mit Dekorationsmaterial sollten die Bedürfnisse der Fische und nicht die des Betrachters maßgebend sein. Fast alle Korallenfische brauchen gute Versteckmöglichkeiten. Wir können sie mit Korallen, Steinen, Muschelschalen usw. herrichten, die wir so befestigen, daß sie nicht über den Fischen zusammenbrechen können. Selbstverständlich dürfen nur zuvor sorgfältig gereinigte und gewässerte Materialien verwendet werden. Manche Korallenfische sind auf Sandboden angewiesen, in den sie sich vor allem nachts eingraben oder den sie nach Nahrung durchsuchen. Viele Fische, etwa Kaiser- und Schmetterlingsfische, benötigen keinen Sand.

Bei der Wahl der Fische sollten wir prüfen, ob wir ihnen alles Lebensnotwendige bieten können und ob sie zueinander passen. Ihre Schönheit darf uns nicht zu einem unüberlegten Kauf verleiten. Wir erwerben nur gesunde Fische, also Tiere, die sich normal verhalten, nicht abgemagert sind und keine Wunden aufweisen. Bevor wir sie zu anderen Fischen in ein bereits besetztes Becken geben, gehören sie für längere Zeit — etwa 3 bis 4 Wochen — in ein Quarantänebecken. Sie könnten sonst zu leicht Krankheiten einschleppen. Die bei den besprochenen Arten genannten Maximalgrößen werden im Aquarium nur ausnahmsweise erreicht.

Frisch importierte Fische müssen wir sorgfältig an das vorhandene Futter gewöhnen. Für Nahrungsspezialisten ist das eine große Umstellung. Das Eingewöhnen gelingt bei besonders empfindlichen Fischen oft nur, wenn wir ihnen wenigstens fürs erste abwechslungsreiches Lebendfutter anbieten, das der gewohnten Nahrung nahekommt, und erst später auf Ersatzfutter übergehen.

Haben die neuen Fische die Quarantäne gut überstanden, so müssen wir aufmerksam beobachten, wie sie sich im Gesellschaftsbecken zurechtfinden.

Zuerst wird es Revierstreitigkeiten mit den alteingesessenen Bewohnern geben. Kommt es zu ernsthaften Kämpfen, so müssen wir eingreifen, bevor Verluste eintreten. Größeren Fischen sollte möglichst ein Putzerfisch pro Becken zugesellt werden.
Keinesfalls dürfen wir — der Wasserqualität wegen — mehr Futter reichen als tatsächlich verbraucht wird. Auf jeden Fall entfernen wir Futterreste unverzüglich. Viele Korallenfische, die von kleinen Lebewesen oder Pflanzen leben, sind in der Natur den ganzen Tag über auf Nahrungssuche. Wir sollten sie mehrmals am Tage füttern und sie nicht mit Nahrungskonkurrenten, die schneller sind und ihnen zuvorkommen, zusammensetzen.
Die Nahrungsbeschaffung ist heute viel einfacher als noch vor einigen Jahren. Es werden spezielle Fertigpräparate für Korallenfische angeboten, die allein allerdings nicht für die Ernährung der an abwechslungsreiches Futter gewöhnten Riffbewohner ausreichen. Tierische Kost vieler Art können wir als Tiefkühlkost im Fachhandel kaufen und über einen längeren Zeitraum hinweg in der Kühltruhe aufbewahren. Viele Korallenfische benötigen zusätzlich pflanzliche Kost, vor allem Grünalgen.

Folgende Nahrung kommt für unsere Pfleglinge in Betracht:

Lebendfutter: Rote und schwarze Mückenlarven, Tubifex, Enchyträen, Wasserflöhe, Artemia (Salinenkrebslarven), die wir selbst züchten müssen, junge Guppys, Garnelen, Schwebegarnelen (Mysis), Muscheln und Schnecken.

Tiefgefrorene tierische Nahrung: Muschelfleisch (vor allem von Miesmuscheln), Garnelenfleisch, Salinenkrebse, Frischfleisch.

Pflanzennahrung: Grüne Algen, die sich im Becken entwickeln, Salat, Spinat, zarte Wasserpflanzen und Haferflocken.

Außerdem künstliche Fertigpräparate.

Leider bedrohen viele Krankheiten das Wohlergehen der Fische. Bereits kleine Verletzungen können üble Folgen nach sich ziehen. Je früher wir die Fische behandeln, um so größer sind die Aussichten auf Erfolg. Es gibt Spezialmedikamente für verschiedene Krankheiten. Zur Bekämpfung einer Reihe von Parasiten haben sich Bäder in einer Kupfersulfat- oder Zinksulfatlösung bewährt. Richtiger Einkauf, peinliche Sauberkeit und gewissenhafte Beobachtung bewahren uns vor manchem Verlust.

Zum Abschluß noch einige Fotohinweise:
Alle Fotos dieses Buches wurden mit einer Spiegelreflexkamera aufgenommen. Als Aufnahmeobjektive dienten ein 90-mm-Objektiv mit Zwischenringen und ein 100-mm-Objektiv am Balgengerät. Der unentbehrliche Elektronenblitz befand sich entweder derart geneigt auf der Kamera, daß das von der Glasscheibe des Aquariums reflektierte Licht nicht in den Strahlengang des Objektives fiel, oder der Blitz wurde von einem Helfer an einem langen Kabel dem Fisch nachgeführt.
Die Aufnahmen entstanden in den Aquarien der Zoologischen Gärten von Berlin, Duisburg, Köln und Wuppertal sowie nicht zuletzt bei der Firma Meeres-Aquarium Krefeld in Hüls bei Krefeld. Für die Unterstützung meiner Arbeit — das Buch enthält nur eine kleine Auswahl des vorhandenen Materials — danke ich hiermit den Leitern der genannten Einrichtungen.

Keilfleck-Schmetterlingsfisch

Chaetodon falcula

Nur wenige Fische übertreffen die Schmetterlingsfische der Gattung *Chaetodon* an Leuchtkraft der Farben, an Schönheit der Zeichnungen und an Eleganz der Bewegungen. Die Vielzahl der deutschen Bezeichnungen für diese schönen Riffbewohner — Schmetterlingsfische, Falterfische, Seefalter, Gaukler und andere — bestätigen ihre Beliebtheit beim Meeresaquarianer. Leider, das sei vorweg gesagt, eignen sie sich nur für den erfahrenen Pfleger. Ihre

Eingewöhnung kann große Schwierigkeiten bereiten – manche besonders schöne Arten nehmen in der Gefangenschaft überhaupt keine Nahrung an –, und alle sind Wasserverschlechterungen, vor allem zu hohen Nitratanreicherungen gegenüber empfindlich. Einmal eingewöhnt, erweisen sich jedoch viele Schmetterlingsfische, so auch die beiden in diesem Buch abgebildeten Arten, als recht ausdauernde Pfleglinge.

Die Schmetterlingsfische sind typische Bewohner der Korallenriffe. Sie halten sich gern in der Brandungszone auf, in der sich das Wasser ständig erneuert und mit Sauerstoff anreichert. Die meisten Arten leben einzeln oder paarweise in einem festen Revier, das sie gegen Eindringlinge der gleichen Art erbittert verteidigen. Bei Gefahr flüchten sie in ein Versteck. Auch vor dem Taucher oder Schnorchler, der sich ihnen zufällig nähert, fliehen sie. Doch brauchen wir fast nie lange auf ihr Wiedererscheinen zu warten.

In der Natur finden die kleinmäuligen Schmetterlingsfische eine so vielfältige tierische und pflanzliche Nahrung, wie wir sie ihnen nicht anbieten können. Glücklicherweise lassen sich viele von ihnen auf die übliche Ersatznahrung umstellen, in der pflanzliche Bestandteile nicht fehlen dürfen.

Vieles aus dem Leben der Schmetterlingsfische – vor allem die Art ihrer Fortpflanzung – ist unbekannt. Doch bereits die ersten Naturbeobachtungen zeigen, daß wir Tiere einer oder ähnlicher Arten nur einzeln im Aquarium halten können, daß sie dort genügend Versteckmöglichkeiten vorfinden müssen und daß sie große Ansprüche an die Wasserqualität stellen.

Chaetodon falcula stammt aus dem Indopazifik und gehört mit 18 bis 20 Zentimeter Länge zu den größten Schmetterlingsfischen.

Gelber Rotmeer-Schmetterlingsfisch

Chaetodon semilarvatus

Das Rote Meer ist die Heimat zweier beliebter endemischer, also nur dort heimischer Schmetterlingsfische, nämlich vom etwa 15 bis 20 cm langen *Chaetodon semilarvatus* und dem mit 10 cm Länge wesentlich kleineren Rotkopf-Schmetterlingsfisch *Chaetodon larvatus*. Der Blaumasken-Gaukler, wie die abgebildete Art auch genannt wird, schließt sich — im

Gegensatz zu den anderen Schmetterlingsfischen — zumindest zeitweise gern zu kleineren Schwärmen von 10 bis 20 Tieren zusammen — ein zauberhafter Anblick. Er sucht wie seine Verwandten tagsüber ständig im Riff nach Nahrung. Außer kleinem Lebend- und Fertigfutter bieten wir allen Schmetterlingsfischen Algen, Salat oder Haferflocken an. Lebende Korallen und Seerosen dürfen nicht gemeinsam mit Schmetterlingsfischen untergebracht werden. Sie würden sonst angezupft oder abgefressen. Andererseits lassen sich jedoch die Fische — als letztes Mittel — mit ihrer Lieblingsspeise, den Seerosen (Aktinien), zur Nahrungsaufnahme bewegen.

Die Gattung *Chaetodon*, deren Hauptverbreitungsgebiet im Indopazifik liegt, umfaßt etwa 80 Arten. Doch auch das Karibische Meer ist die Heimat einiger beliebter Schmetterlingsfische. Nur ein kleiner Teil wird regelmäßig eingeführt. Der Importeur kauft nicht gern besonders anfällige oder unbekannte Schmetterlingsfische. Auch der erfahrene Liebhaber wird einen ihm unbekannten Chaetodon erst erwerben, wenn er sich genau über ihn informiert hat. Oft bewahren uns die positiven, aber auch die negativen Berichte über Neueinführungen in den verschiedenen Aquarienzeitschriften vor Schaden. Vom Transport geschwächte oder kranke Exemplare sollten wir keinesfalls kaufen. Große Tiere einzugewöhnen, ist besonders schwierig. Schmetterlingsfische werden leider gern von Kiemenwürmern befallen.

Da Schmetterlingsfische auf kleine Nahrungsbrocken angewiesen sind und deshalb viel Zeit für die Futteraufnahme benötigen, dürfen wir sie nicht gemeinsam mit schnellfressenden Fischen unterbringen. Keinesfalls sollten wir uns durch die Schönheit der Schmetterlingsfische dazu verleiten lassen, sie zu kaufen, ohne die für ihre Pflege notwendige Erfahrung zu besitzen.

Gebänderter Pinzettfisch

Chelmon rostratus

Der prächtige, 15 bis 18 cm große Pinzettfisch gehört – wie die Schmetterlingsfische – zur Familie der Borstenzähner *Chaetodontidae*. Sein Maul ist noch spitzer und weist ihn als echten Nahrungsspezialisten aus, der selbst in kleinste Spalten und Ritzen langen kann. Noch länger ist das Maul des nicht minder schönen Gelben Pinzettfisches *Forcipiger longirostris*, der rund 20 cm groß wird.

Beide Arten besitzen große Verbreitungsgebiete im indopazifischen Ozean. Der Gelbe Pinzettfisch kommt meist über Hawaii zu uns.

Leider bereitet die Pflege des Gebänderten Pinzettfisches – und noch stärker die des Gelben Pinzettfisches – größere Schwierigkeiten als die der meisten Schmetterlingsfische der Gattung *Chaetodon*. Er ist auf noch kleinere tierische und pflanzliche Nahrung angewiesen und reagiert noch schneller mit Appetitlosigkeit auf eine Verschlechterung der Wasserqualität; schnell magert er dann ab. Wir müssen deshalb die Zusammensetzung des Wassers sehr sorgfältig kontrollieren und schwankende pH-Werte unverzüglich korrigieren.

Die Eingewöhnung des Pinzettfisches gelingt am besten mit Schwebegarnelen, Tubifex, Roten Mückenlarven und Artemia. Da die Fische untereinander sehr aggressiv sind, können wir sie nur einzeln halten. Anderen Arten gegenüber bleiben sie glücklicherweise friedlich. Keinesfalls darf man sie mit schnellen Fressern zusammen halten, die das Futter schon vertilgt haben, bevor die kleinmäuligen Pinzettfische gesättigt sind, oder ihnen sogar die Nahrung abjagen. Weil die Fische in der Natur ihre Nahrung auf und zwischen Korallen und Steinen finden, müssen sie sich bei uns daran gewöhnen, freischwebendes oder auf dem Boden liegendes Futter aufzunehmen.

Der Gebänderte Pinzettfisch braucht – wie fast alle Korallenfische – gute Versteckmöglichkeiten. Nur wer schon mit gutem Erfolg Schmetterlingsfische und Kaiserfische gepflegt hat, sollte sich an den wunderschönen, übrigens nicht billigen Pinzettfischen versuchen.

Pracht-Wimpelfisch

Heniochus singularis

Typisch für alle erwachsenen Fische der Gattung *Heniochus* ist der wimpelartig verlängerte vierte Strahl der Rückenflosse. Beim bis 25 cm langen Gewöhnlichen Wimpelfisch *Heniochus acuminatus* kann er ebenso lang werden wie der Körper, bei der abgebildeten Art jedoch bleibt er kürzer. Die Wimpelfische gehören zur Familie *Chaetodontidae* — wie die Schmetterlings- und Pinzettfische. Das weniger spitze Maul deutet aber an, daß sie keine aus-

gesprochenen Nahrungsspezialisten sind wie die ausschließlich die Korallenriffe bewohnenden Schmetterlingsfische der Gattungen *Chaetodon, Chelmon* usw. Sie finden ihre Nahrung auch im freien Wasser in der Nähe der Riffe.

Der recht seltene Pracht-Wimpelfisch bewohnt den Pazifik von Südjapan bis Südostasien, während der weitverbreitete Gewöhnliche Wimpelfisch an vielen Stellen des Roten Meeres, des Indischen Ozeans und im Pazifik häufig ist. Im Gegensatz zum Pracht-Wimpelfisch reicht die schwarze senkrechte Kopfbinde beim Gewöhnlichen Wimpelfisch nur von der Stirn bis zum Auge, nicht aber um den ganzen Kopf. *Heniochus acuminatus* lebt in kleinen Verbänden und kann deshalb auch im Aquarium zu mehreren untergebracht werden. Junge Wimpelfische suchen gelegentlich andere Fische — ähnlich wie Putzerfische — nach Parasiten ab.

Der Gewöhnliche Wimpelfisch gilt als der anspruchsloseste aller Schmetterlingsfische. Er läßt sich gut eingewöhnen und reagiert weniger empfindlich auf Schwankungen der Wasserqualität. Dies trifft leider nicht für die anderen Arten der Gattung zu. Der Anfänger sollte deshalb von der Pflege des Pracht-Wimpelfisches absehen und sich dem viel häufigeren und preiswerteren Gewöhnlichen Wimpelfisch zuwenden. Nur, dieser friedliche, gut für das Gesellschaftsbecken geeignete Fisch wächst recht schnell. Wir sollten ihn deshalb nur kaufen, wenn wir ihn in ein entsprechend großes Becken setzen können.

Ein den beiden besprochenen Wimpelfischen auf den ersten Blick recht ähnlicher Fisch ist der bis 25 cm lange indopazifische Masken-Halfterfisch *Zanclus cornutus.* Er führt eine ähnliche Lebensweise wie die an Korallenriffe gebundenen Schmetterlingsfische der Gattungen *Chaetodon, Chelmon* und *Forcipiger,* gehört aber zu einer anderen Familie *(Zanclidae),* die den Doktorfischen nahesteht. Er ist leider ein schwieriger Pflegling.

Ringkaiserfisch

Pomacanthodes annularis

Die eng mit den Schmetterlingsfischen verwandten Kaiserfische – Familie *Pomacanthidae* – stehen ihnen an Schönheit nicht nach. Manche Wissenschaftler betrachten beide nur als zwei Unterfamilien der Familie *Chaetodontidae*.

Die Unterschiede zwischen Jugendkleid und Alterstracht sind bei vielen Kaiserfischen so stark ausgeprägt, daß bei manchen beide Formen als eigene Arten beschrieben wurden. Die blauen Jungfische des Ringkaiserfisches besitzen nahezu

senkrecht verlaufende weiße bis gelbe Querbinden, die sich über den ganzen Körper hinziehen, gleichfarbene Längsbinden auf der Stirn und eine durchsichtige Schwanzflosse. Sie sehen also völlig anders aus als der abgebildete erwachsene Fisch. Beim Gewöhnlichen oder Nikobaren-Kaiserfisch *Pomacanthus imperator*, der bekanntesten Art der Gattung, fallen die Unterschiede in Farbe, Zeichnung und Körperform zwischen jung und alt noch stärker auf.

Alle Kaiserfische der Gattungen *Pomacanthodes* und *Pomacanthus* sind stattliche Fische, die in einem entsprechend großen Becken untergebracht werden müssen. Der bis 40 cm lange Ringkaiserfisch bewohnt die Korallenriffe des tropischen Indopazifiks. Er bildet im Riff ein Revier, das er gegen seinesgleichen verteidigt. Der Fisch kann deshalb nicht mit Artgenossen oder mit ähnlichen Arten – auch sie greifen einander an – zusammen gehalten werden.

Junge Kaiserfische der Arten *Pomacanthodes annularis, Pomacanthus imperator* und *semicirculatus* gleichen einander stärker als die erwachsenen Tiere und befehden einander ebenfalls. Anderen Fischen gegenüber jedoch verhält sich *Pomacanthodes annularis* friedlich, er eignet sich also durchaus fürs Gesellschaftsbecken. Bieten wir ihm gute Versteckmöglichkeiten, fühlt er sich sicherer und hält sich um so lieber im freien Schwimmraum auf.
Da das Maul aller Kaiserfische verhältnismäßig klein ist, sind sie auf kleine Nahrungsbrocken angewiesen. Wie die Schmetterlingsfische, so kommen auch sie nicht ohne pflanzliche Nahrung aus. Wir reichen ihnen deshalb zusätzlich zarte Wasserpflanzen, Salat und Algen. Die Eingewöhnung des Ringkaiserfisches gelingt eher als die vieler Schmetterlingsfische. An die Konstanz der Wasserqualität stellt er jedoch ähnlich hohe Ansprüche; keineswegs ist er ein Anfängerfisch.

Potters Zwergkaiserfisch

Centropyge potteri

Die Zwergkaiserfische der Gattung *Centropyge* sind besonders interessant für den Meeresaquarianer. Die Gattung enthält viele farbenprächtige, oft nur 8 bis 10 cm lange Fische, die mindestens ebenso schön sind wie die großen Kaiserfische der Gattungen *Pomacanthodes, Pomacanthus* und *Angelichthys*. Sie beanspruchen aber viel weniger Platz. *Centropyge potteri* bewohnt pazifische Korallenriffe und wird hauptsächlich aus Hawaii eingeführt. Er wird nicht größer als 10 cm, gehört aber bei uns leider zu den selten angebotenen Arten. Häufiger begegnen wir *Centropyge argi, C. kennedy, C. bispinosus,*

C. bicolor und *C. fisheri* im Handel. Alle diese Arten sind reizvolle, farbenfrohe Riffbewohner. Der leuchtend gelborange Gelbe Zwergkaiserfisch *Centropyge flavissimus* hält sich, einzeln oder zu zweit, in den Korallenriffen von Tahiti so dicht unter der Wasseroberfläche auf, daß ich ihn von außerhalb des Wassers fotografieren konnte.

Alle Zwergkaiserfische sind auf recht kleine Nahrungsbrocken angewiesen. Außer Lebend- und Ersatzfutter brauchen sie pflanzliche Kost, vor allem Algen. Keinesfalls dürfen sie mit schnellerfressenden Korallenfischen in einem Becken gehalten werden. Wie alle echten Riffbewohner, denen in der Natur die Höhlen, Überhänge und Spalten der lebenden Korallenstöcke hervorragende Versteckmöglichkeiten bieten, benötigen die revierbildenden Zwergkaiserfische auch im Aquarium gute Schlupfwinkel. Mit großer Geschicklichkeit durchschwimmen sie kleinste Spalten und Durchlässe.

Einmal eingewöhnt – die Ansprüche der verschiedenen Arten sind unterschiedlich –, bewähren sich die meisten Zwergkaiserfische als ausdauernde, recht harte Pfleglinge. Auch *Centropyge potteri* gehört zu den dankbaren Arten. Er geht bei der Eingewöhnung schneller ans Futter als mancher andere seiner Gattung. Potters Zwergkaiserfisch kann auch dem weniger versierten Meeresaquarianer empfohlen werden. Er wird nicht zu groß, läßt sich verhältnismäßig leicht eingewöhnen und erweist sich als recht widerstandsfähig. Allerdings gehört jeweils – das gilt für alle revierbildenden Riffbewohner – nur ein Fisch der gleichen Art in das Becken. Die Färbung der Zwergkaiserfische ist jedoch von Art zu Art so unterschiedlich, daß sich die Tiere nicht als Konkurrenten ansehen. Bei geschickter Zusammenstellung können deshalb durchaus Einzeltiere verschiedener *Centropyge*-Arten in einem Becken untergebracht werden.

Blaukopf-Kaiserfisch

Euxiphipops xanthometopon

Der abgebildete Blaukopf- oder Gelbmasken-Kaiserfisch und der Blaustirn- oder Gelbkehl-Kaiserfisch *Euxiphipops navarchus* übertreffen gemeinsam mit dem Pfauenkaiserfisch *Pygoplites diacanthus* alle anderen großen Kaiserfische an Schönheit und Farbenpracht. Diese Fische – der Traum eines jeden Meeresaquarianers – sind leider besonders heikle und teure Pfleglinge. Beide *Euxiphipops*-Arten be-

wohnen den Indopazifischen Ozean. Das gleiche gilt für den viel weniger attraktiven, aber eher noch heikleren Sechsstreifen-Kaiserfisch *Euxiphipops sexstriatus,* die dritte bei uns bekannte Art der Gattung.

Trotz der beträchtlichen Größe von 25 cm besitzt *Euxiphipops xanthometopon* — was auch für die anderen Arten der Gattung zutrifft — ein kleines Maul. Er ist auf entsprechend kleine Nahrungsstücke angewiesen. Das Eingewöhnen des prächtigen Fisches bereitet viele Schwierigkeiten. Ältere Exemplare lassen sich unter Umständen überhaupt nicht dazu bewegen, Nahrung aufzunehmen. Wir sollten möglichst abwechslungsreiche lebende Nahrung, Ersatzfutter, Algen, Salat und andere Pflanzenkost anbieten. Je vielseitiger die Nahrung ist, um so eher findet der Fisch etwas, das ihm zusagt.

Viele Kaiser- und Schmetterlingsfische sind auf eine von Art zu Art verschiedene tierische und pflanzliche Nahrung spezialisiert, deren Zusammensetzung wir nicht kennen oder die wir nicht beschaffen können. Das Becken für den Gelbmasken-Kaiserfisch und seine Verwandten soll gute Versteckmöglichkeiten aufweisen, in denen er sich sicherfühlen kann. Um Kämpfe zu vermeiden, dürfen nur einzelne Exemplare einer Art oder ähnlich aussehender Arten in einem Becken untergebracht werden.

Alle Kaiserfische der Gattung *Euxiphipops* und *Pygoplites* sind nur etwas für den ausgefuchsten Meeresaquarianer. Es wäre schade, wenn diese Kostbarkeiten in falsche Hände gelangten und alsbald zugrunde gehen würden.

Felsenschönheit

Holacanthus tricolor

Alle bisher in diesem Buch besprochenen Kaiser- und Schmetterlingsfische stammen aus dem Indopazifischen Ozean oder dem Roten Meer. Der Westindische oder Dreifarbige Herzogsfisch — zwei weitere Namen für *Holacanthus tricolor* — hingegen bewohnt die Korallenriffe des Karibischen Meeres und angrenzender Gebiete des tropischen Atlantiks. Obwohl er weniger heikel ist als etwa der Blaustirn-

Kaiserfisch, gilt er doch als recht empfindlich und gegen Schuppenkrankheiten anfällig. Er kann deshalb dem Anfänger nicht empfohlen werden.

Holacanthus tricolor ist der schönste und gleichzeitig der häufigste Kaiserfisch der Karibischen See. Die Jungfische zeigen bis auf einen kleinen schwarzen, blaugerandeten Fleck leuchtendes Gelb. Mit zunehmendem Alter breitet sich die dunkle Stelle aus, bis sie den größten Teil des Körpers einnimmt. Da der Westindische Herzogsfisch in der Natur ein eigenes Revier im Riff besetzt, kann er nur in sehr großen Becken zu mehreren gehalten werden. Er hält sich im Riff gern in seinen Verstecken auf und macht sich deshalb auch im Aquarium oft unsichtbar. Ohne Versteckmöglichkeiten fühlt er sich nicht wohl. Wichtig für das Gedeihen der Felsenschönheit ist abwechslungsreiche, mit pflanzlichen Bestandteilen angereicherte Kost.

Der Fisch erreicht die stattliche Länge von

60 cm und übertrifft damit die anderen bei uns hin und wieder angebotenen Herzogsfische der Gattung *Holacanthus* beträchtlich an Größe. Der prächtige gelbe Dreipunkt-Herzogsfisch *Holacanthus trimaculatus* aus dem Indopazifik wird nur 25 cm lang. *Holacanthus arcuatus,* der weniger bunte Flaggen-Herzogsfisch, ist mit 20 cm Länge noch kleiner. Er ist ein Fisch des Pazifischen Ozeans.

Der bis 60 cm lange Königin-Engelfisch *Angelichthys ciliaris* stammt wie *Holacanthus tricolor* aus dem Karibischen Meer. Jung- und Alttiere unterscheiden sich im Aussehen beträchtlich. Die verschiedene Färbung junger und alter Korallenfische einer Art ermöglicht beiden den Aufenthalt im gleichen Revier; denn nur gleichgefärbte Tiere — junge oder alte — vertreiben Rivalen. Jung- und Altfische jedoch sind keine Nahrungskonkurrenten.

Orangeringelfisch
Dreiband-Anemonenfisch

Amphiprion percula

Die Anemonen- oder Clownfische der Gattungen *Amphiprion* und *Premnas* leben in Symbiose mit Seeanemonen der Gattungen *Stoichactis, Radianthus* und *Discosoma,* die beiden Vorteile bietet. Die Tentakel der Anemonen sind mit Drüsen besetzt, die bei Berührung ein Nesselgift aussprühen, das die Beutetiere – Krebse, Garnelen, kleine Fische usw. – lähmt und festhält. Die Anemonenfische werden je-

doch nicht durch das Gift beeinträchtigt. Sie finden vielmehr zwischen den Tentakeln der Aktinien Schutz vor ihren Feinden. Die Annahme, die Fische würden als Gegenleistung Nahrung für die Anemone herbeibringen, erwies sich als ebenso irrig wie die Vermutung, nur die Anemonenfische zögen echten Vorteil aus diesem Zusammenleben. Tatsächlich können Fische mit kleinem Maul, darunter Schmetterlingsfische, an den Aktinien fressen, ohne die Nesseldrüsen zu berühren. Die Anemonenfische jedoch verteidigen ihre Aktinie erbittert gegen solche Feinde.

Damit sich die Tentakel der Seeanemone nicht gegenseitig nesseln, scheiden sie ein Sekret aus, das sie gegen das eigene Nesselgift schützt. Die Anemonenfische, das haben Versuche in freier Natur bewiesen, wappnen sich ihrerseits gegen das Gift, indem sie das schützende Sekret durch vorsichtiges Reiben an den Tentakelarmen auf ihren Körper bringen, ohne daß die

Nesseldrüsen berührt werden. Viele Clownfische bleiben ständig in der Nähe ihrer Aktinie, andere Arten entfernen sich weit von ihr. In der Gefangenschaft leben Anemonenfische auch mit Mittelmeeranemonen in Symbiose, obwohl diese in ihrer tropischen Heimat nicht vorkommen. Der Orangeringelfisch — vielleicht die schönste Art der Gattung — bewohnt den Indischen Ozean und Randgebiete des Pazifiks. Er wird etwa 10 cm lang. Leider gehört er zu den empfindlicheren Arten der Gattung und ist trotz seiner Beliebtheit und Preiswürdigkeit für den Anfänger nicht geeignet. Er benötigt wie alle seine Verwandten abwechslungsreiches, in kleinen Brocken verabreichtes Futter. Widerstandsfähiger ist der hübsche bis 12 cm lange Glühkohlenfisch *Amphiprion ephippium.* Die Zucht mehrerer *Amphiprion*-Arten gelang wiederholt in der Gefangenschaft.

Neon-Riffbarsch

Abudefduf oxyodon

Viele Riffbarsche, darunter Arten der Gattungen *Dascyllus* und *Chromis,* sind gesellige Fische, die in Schwärmen die Abhänge der Korallenriffe oder einzelnstehende Korallenstöcke umspielen, andere sind Einzelgänger. Zu ihnen gehört der revierbildende Neon-Riffbarsch. Er besetzt in der Natur ein festes Revier, das er erbittert verteidigt, und ist auch in der Gefangenschaft so angriffslustig, daß er

nicht mit Artgenossen zusammen gehalten werden kann.
Die Heimat des 10 bis 11 cm langen Fisches ist der Malaiische Archipel. Mit zunehmendem Alter verschwinden die hellblau leuchtenden Zeichnungen und das gelbliche sich senkrecht über den Körper ziehende Band. Der Neon-Riffbarsch nimmt willig alles Freßbare an, das ihm in mundgerechter Größe angeboten wird, erweist sich aber manchmal — was die Wasserqualität angeht — als empfindlicher als andere Riffbarsche.
Außer *Abudefduf oxyodon*, der bei uns beliebtesten Art der Gattung, werden noch andere Arten mit ähnlichen Eigenschaften eingeführt. Ihre Bestimmung ist nicht immer leicht, da es sowohl verschiedene geographische Formen als auch erhebliche Unterschiede zwischen Jungfischen und ausgewachsenen Exemplaren gibt. Der 10 cm lange Augenfleck-Riffbarsch *Abudefduf biocellatus* zum Beispiel prangt in gelben und blauen Farben, tritt aber auch

in einer beinahe völlig blauen Form auf. Er ähnelt dann dem blauen Saphir-Riffbarsch *Abudefduf assimilis.* Ich konnte den hübschen, im Roten Meer, Indischen Ozean und Pazifik heimischen Augenfleck-Riffbarsch vor Ceylon in den winzigen Fluttümpeln eines Korallenriffes beobachten.

Die verbreiteteste Art der Gattung — *Abudefduf saxatilis,* der Sergeantmajor — ist sowohl im Indischen und Pazifischen Ozean wie in den tropischen Gebieten des Atlantiks zu Hause. Er lebt — im Gegensatz zu *Abudefduf oxyodon* — in kleinen Schwärmen. Dementsprechend verhält er sich — zumindest, wenn er noch nicht fortpflanzungsfähig ist — auch im Aquarium recht friedlich. Fünf schwarze Querbinden kennzeichnen den oben goldgelben, unten silbrig-weißen Fisch, der bis 18 cm lang werden kann.

Preußenfisch

Dascyllus aruanus

Die große, zu den Riffbarschen *Pomacentridae* zählende Gattung *Dascyllus* besticht durch eine große Zahl besonders anspruchsloser, auch für den Anfänger geeigneter Korallenfische. In der Natur leben diese Fische gesellig in kleinen Schwärmen an den Abhängen der Korallenriffe, unter Vorsprüngen der Korallenbänke und vor allem an einzelstehenden Korallenstöcken. Sie wählen ihren Auf-

enthalt immer so, daß sie bei Gefahr blitzschnell in schützenden Spalten und Höhlen oder im Geäst der Korallen verschwinden können. Jedem Taucher bleiben diese schnell auseinanderstiebenden Schwärme in Erinnerung. Die Jungfische einiger Arten leben mitunter nach Art der echten Anemonenfische mit Aktinien zusammen.

Außer schon lange beim Meeresaquarianer beliebten Arten, wie *Dascyllus aruanus, carneus, trimaculatus, reticulatus* und anderen, tauchen immer wieder neue im Handel auf. Mehrere Dascyllusarten haben bereits in der Gefangenschaft gelaicht. Sie betreiben eine ähnliche Brutpflege wie die im Süßwasser lebenden Buntbarsche. Das Männchen putzt den Laichplatz und bewacht das aus 10 000 bis 30 000 Eiern bestehende Gelege. Leider gelang es noch nie, die winzigen Jungfische aufzuziehen, da wir ihnen nicht so feines Futter anbieten können, wie sie es im natürlichen Meeresplankton finden.

Der bis 8 cm lange Echte Preußenfisch *Dascyllus aruanus* bewohnt den Indischen und Stillen Ozean. Das Weibchen erkennen wir am hellen Stirnfleck. Der Fisch geht willig ans Futter und zeichnet sich durch Anspruchslosigkeit aus. Am besten setzen wir einen kleinen Schwarm dieser hübschen und lebhaften, manchmal untereinander recht streitsüchtigen Fische ins Becken. Weil die Fische in ihrer Heimat von Plankton leben, sind sie auch bei uns auf möglichst kleine schwebende Nahrung, wie Kleinkrebse, geschnittenes Muschelfleisch, Trockenfutter usw., angewiesen.

Die Schwanzflosse des sehr ähnlichen *Dascyllus melanurus* ist am Ende schwarz, *Dascyllus annulatus* besitzt vier und nicht drei schwarze Querbinden.

Clownjunker

Coris gaimard

Zur großen Familie der Lippfische *Labridae* gehört eine kaum zu überblickende Fülle farbenprächtiger, auch für den Meeresaquarianer geeigneter Fische. Nur ein kleiner Teil von ihnen wird bisher regelmäßig eingeführt, unter ihnen drei Arten der Gattung *Coris,* nämlich außer dem abgebildeten noch der recht ähnliche Bijouteriefisch *Coris formosa* und der Augenfleck-Lippfisch *Coris angulata.* Der bei

vielen Lippfischen auffallende Unterschied zwischen Jugend- und Alterskleid gilt auch für die genannten *Coris*-Arten. Er ist bei ihnen so ausgeprägt, daß Jugend- und Altersformen für verschiedene Arten gehalten wurden.

Coris gaimard bewohnt den Indischen und den Pazifischen Ozean in zwei Rassen, die von manchen Autoren auch als eigene Arten betrachtet werden. Die abgebildete Unterart des Indischen Ozeans, *Coris gaimard africana,* zeichnet sich als Jungfisch gegenüber der Stammform durch hellere Rottöne aus. Die Jungtiere des ebenfalls im Indopazifik heimischen *Coris formosa* sehen denen von *Coris gaimard* zum Verwechseln ähnlich.

Die Grundfarbe des erwachsenen Clownjunkers ist dunkelbraun. Auf dem Kopf befinden sich mehrere grüne Linien. Der Körper ist mit hellblauen Punkten besät, während die ähnliche Altersform von *Coris formosa* statt dessen schwarze Punkte am Körper trägt. Beide Arten werden bis 40 cm lang. Besonders begehrt sind beim Meeresaquarianer die schönen Jungfische von *Coris gaimard* und *Coris formosa,* die lange ihr prächtiges Rot behalten und sich bei uns anscheinend später umfärben als in der Natur. *Coris angulata,* die dritte der genannten Arten, wird bis 120 cm lang.

Der Clownjunker bewegt sich – wie alle Lippfische – nur mit den Brustflossen in schlängelnder Bewegung vorwärts. Der Schwanz dient ausschließlich zum Steuern. Das Becken für den Clownjunker muß unbedingt Sandboden enthalten, in den der Fisch sich nachts – oder wenn er erschreckt wird – eingräbt. Wir halten ihn einzeln oder in einem kleinen Schwarm. Die Eingewöhnung des ausdauernden Clownjunkers bereitet keine besonderen Schwierigkeiten. Als Nahrung bieten wir dem auch für den Anfänger geeigneten Fisch außer Ersatzfutter auf jeden Fall zusätzlich Lebendfutter an.

Hawaii-Putzerfisch

Labroides phthirophagus

Die an Verstecken und Schlupfwinkeln reichen Korallenriffe bieten den Meerestieren besseren Schutz und bessere Zuflucht als die offene See. Kein Wunder also, daß wir dort besonders reiches Leben finden. Die dichte Besiedelung der Riffe durch Fische und niedere Tiere ist nur möglich, weil das Nahrungsangebot maximal ausgenutzt wird. Viele Riffbewohner haben sich deshalb auf ganz besondere Nahrung spezialisiert. Den ausgefallensten Nahrungserwerb treiben die Putzerfische.

Diese kleinen gegen 10 cm langen Lippfische – Familie *Labridae* – suchen andere Fische nach Nahrung ab und schwimmen

dabei sogar unbehelligt in das Maul und in den Kiemenraum räuberischer Fische. Dort finden sie Hautparasiten, Futterreste und abgestorbene Hautteile. Sie tragen durch ihren Nahrungserwerb wesentlich zur Gesunderhaltung der Fische des Riffs bei. Durch tänzelnde Bewegungen machen die Putzerfische ihre „Kunden" auf sich aufmerksam, die ihrerseits bewegungslos im Wasser schweben und durch Spreizen der Kiemen den Wunsch nach Reinigung anzeigen. Die Lieblingsplätze der Putzerfische werden von vielen Fischen eigens zu diesem Zweck aufgesucht. Die Lippfische der Gattung *Labroides* putzen ebenso wie die Neongrundel *Elacatinus oceanops* – Familie *Gobiidae*, Grundeln – „hauptberuflich". Andere Fische, darunter Lippfische anderer Gattungen, Kaiserfische, Schmetterlingsfische und Wimpelfische, putzen in ihrer Jugend gelegentlich. Typisch für die „Berufsputzer" sind die abwechselnd hell- und dunkelblauen Längsstreifen. Diese Zeichnung besitzt auch der

Falsche Putzer *Aspidontus taeniatus,* ein Schleimfisch — Familie *Blenniidae.* Er nähert sich putzwilligen Fischen mit den tänzelnden Bewegungen eines echten Putzers, um ihnen blitzschnell ein Stück Haut abzureißen.

Der bekannteste Putzerfisch, die Meerschwalbe *Labroides dimidiatus* aus dem Indopazifik, ist auf dem Bild des Orangefleck-Doktorfisches S. 81 zu sehen. Der hier abgebildete, hauptsächlich im Gebiet um Hawaii heimische *Labroides phthirophagus* wird nur selten importiert. Da Putzerfische sich im Aquarium nicht allein vom Putzen ernähren können, müssen sie teilweise auf Ersatznahrung umgestellt werden. Das kann schwierig sein. Einmal eingewöhnt, halten sie sich jedoch gut, vorausgesetzt, sie können größere Fische putzen. *Labroides diminiatus* gräbt sich nachts in den Sand ein, während der Hawaii-Putzerfisch die Nacht nach Art der Papageifische in einer Schleimhülle verbringt.

Gelbschwanz-Seebader

Zebrasoma xanthurum

Auffallendstes gemeinsames Merkmal aller Doktor- oder Chirurgenfische — Familie *Acanthuridae* — ist ein scharfer Knochenstachel auf beiden Seiten der Schwanzwurzel. Bei den meisten von ihnen ist dieses „Messer" aufklappbar, die Nashornfische der Gattung *Naso* besitzen statt dessen zwei feststehende scharfe Stacheln. Dieses „Skalpell", das den Fischen den Namen verschaffte, ist eine ausgezeichnete,

auch von den Fischern gefürchtete Waffe. Der Meeresaquarianer hat die Wahl zwischen drei Arten der Gattung *Zebrasoma,* nämlich dem Segel-Seebader *Zebrasoma veliferum,* dem Gelben Seebader *Zebrasoma flavescens* — besonders prächtig gelb leuchten die aus Hawaii importierten Fische — und der abgebildeten Art. Der Gelbschwanz-Seebader bewohnt die Korallenriffe des Roten Meeres und des Indopazifiks. Er wird bis 40 cm lang. Der Gelbe Seebader und der olivgraue, vielfach orangegezeichnete Segel-Seebader sind ebenfalls Fische des Indopazifiks. Alle finden sich zumindest zeitweise zu großen Schwärmen zusammen. Dem Gelbschwanz-Doktorfisch begegnen wir vor allem an den dem Meer zugewandten offenen Steilhängen der Riffe. Er hält sich dort einzeln, zu zweit oder in großen Schwärmen auf.

Im Gegensatz zu den meisten anderen Fischen der Familie zieht *Zebrasoma xanthurum* lebende und tote tierische

Nahrung pflanzlicher Kost vor. Seine Eingewöhnung ist nicht einfach. Doch nach Überwindung der Anfangsschwierigkeiten erweist er sich als recht ausdauernd und freßlustig. Die stattlichen und schwimmfreudigen Fische gehören in ein großes Becken mit guten Versteckplätzen. Mehrere Exemplare können nur in einem sehr großen Becken gemeinsam untergebracht werden.

Auffallend ist die Fähigkeit des Gelbschwanz-Seebaders, seine Farben je nach Stimmung zu verändern. Der Kenner kann daran den Zustand seines Pfleglings ablesen. Das strahlende Blau und vor allem die roten Muster des Vorderkörpers und Kopfes sind Zeichen des Wohlbefindens. Auch nachts verblassen die Farben.

Orangefleck-Doktorfisch

Acanthurus olivaceus

Zur Gattung *Acanthurus* gehören viele farbenprächtige und beliebte Doktorfische, von denen in diesem Buch nur zwei vorgestellt werden können. Diese beiden in der Färbung so unterschiedlichen Arten demonstrieren gut die abwechslungsreiche Vielfalt dieser Fische. *Acanthurus olivaceus* gehört zu den seltener eingeführten Doktorfischen. Er wird etwa 30 cm lang und kommt aus dem Indopazifik. Den

typischen orangefarbenen, dunkelumrandeten Fleck zeigen nur die ausgewachsenen Tiere, den Jungfischen fehlt er.
Wie fast alle Doktorfische lebt der Orangefleck-Doktorfisch in der freien Natur hauptsächlich von Algen, die er im Korallenriff in Hülle und Fülle findet. In der Gefangenschaft nimmt er auch lebendes und totes tierisches Futter an. Der Großteil der Nahrung sollte jedoch aus pflanzlichen Stoffen, darunter Algen, bestehen. Des kleinen Mauls wegen kann *Acanthurus olivaceus* keine großen Futterbrocken aufnehmen. Die schwierige Eingewöhnung gelingt am besten in einem mit Grünalgen bewachsenen Becken. Der Orangefleck-Doktorfisch gehört in ein großes Aquarium, da er viel Schwimmraum benötigt. Gute Versteckmöglichkeiten fördern sein Wohlbefinden. Die Pflege dieses Doktorfisches und darüber hinaus der meisten anderen Arten der Gattung *Acanthurus* sei nur dem erfahrenen Meeresaquarianer angeraten. Streitigkeiten, an denen Dok-

torfische beteiligt sind, können wegen der scharfen Messer böse Verletzungen zur Folge haben.

Zu den kleineren, unter 20 cm langen Arten der Gattung gehören der prächtige Streifen-Doktorfisch *Acanthurus lineatus* aus dem Indopazifik, der recht ähnliche, kaum weniger farbenprächtige, ebenfalls indopazifische Bleekers Doktorfisch *Acanthurus bleekeri* sowie der aparte Philippinen-Doktorfisch *Acanthurus glaucopareius.* Der erst seit kurzem eingeführte Schokoladen-Doktorfisch *Acanthurus achilles* wird immerhin 20 bis 25 cm lang. Der fortgeschrittene Liebhaber hat die Wahl zwischen vielen wunderbaren Doktorfischen.

Weißkehl-Doktorfisch

Acanthurus leucosternon

Zu Recht gilt dieser Fisch, der vollendeten Form und der klaren, leuchtenden Farben wegen, als der schönste aller Doktorfische. Allenfalls der ebenfalls blaue Paletten-Doktorfisch *Paracanthurus hepatus* kann sich mit ihm messen. Der bis 30 cm lange Weißkehl-Doktorfisch ist ein typischer Bewohner der Korallenriffe des indopazifischen Ozeans. Die schönsten Exemplare dieses lebhaften und wenig

scheuen Fisches beobachtete ich bei den Seychellen nur einige Meter unter der Wasseroberfläche. Es bereitete kaum Schwierigkeiten, an die fast immer paarweise auftretenden Fische heranzuschwimmen.

Die Nahrung des Weißkehl-Doktorfisches besteht in der freien Natur hauptsächlich aus Pflanzen. In der Gefangenschaft versorgen wir ihn mit Algen, grünem Salat, zarten Wasserpflanzen, Trockenfutter, fein zerteiltem Muschelfleisch, Enchyträen, kleinen Garnelen usw. Seine leuchtende Farbe zeigt der Fisch nur bei Wohlbefinden. Sie verblaßt bei ängstlichen oder wütenden Tieren, gleichzeitig erscheinen 4 bis 5 helle Querstreifen auf dem Körper.

Der Weißkehl-Doktorfisch bildet keine Schwärme wie viele andere Acanthurus-Arten. Im Aquarium werden wir den gegen Artgenossen aggressiven Fisch nur einzeln halten, während der bereits erwähnte Paletten-Doktorfisch in einem genügend großen Becken zu mehreren untergebracht werden kann. Ausgewachsene Fische allerdings gewöhnen sich nicht mehr aneinander. Beide Arten sind nicht schwieriger zu halten als andere Doktorfische der Gattung *Acanthurus.* Keinesfalls eignen sie sich für den Anfänger.

Zur gleichen Familie wie *Acanthurus* und *Paracanthurus* gehören die stattlichen Nashornfische, von denen einige Arten im Alter einen hornartigen Aufsatz auf der Stirn tragen. Der bis 50 cm lange Kuhkopffisch *Naso lituratus,* der bekannteste und schönste Fisch der Gattung, trägt allerdings kein Horn. An Stelle des aufstellbaren „Messers" stehen auf jeder Seite der Schwanzwurzel zwei scharfe starre Knochendorne. Die Schwanzflosse älterer Tiere besitzt zwei lang ausgezogene Enden. Der Kuhkopffisch ist wie der Weißkehl-Doktorfisch vornehmlich Pflanzenfresser. Leider stößt seine Eingewöhnung auf recht große Schwierigkeiten.

Fuchsgesicht

Lo vulpinus

Dieser schöne Fisch ist bei uns noch gar nicht solange im Handel. Regelmäßig wird er auch heute noch nicht eingeführt. *Lo vulpinus* gehört zur Familie der Kaninchenfische *Siganidae,* die den Doktorfischen nahesteht. Zweifellos ist das Fuchsgesicht, seiner intensiven Farbe und aparten Gesichtszeichnung wegen, die schönste Art der Familie. Die Heimat des Fuchsgesichts ist der Indopazifische Archipel und der

Pazifik. Die Eingewöhnung des bis 25 cm langen Fisches bereitet keine besonderen Schwierigkeiten. Die Umstellung auf Ersatzfutter gelingt reibungsloser und schneller als etwa bei den Schmetterlings- und Doktorfischen. Da *Lo vulpinus* in freier Natur hauptsächlich Algen frißt, versorgen wir ihn in erster Linie mit abwechslungsreicher pflanzlicher Nahrung und mit Trockenfutter und reichen als Ergänzung das übliche tierische Futter.

Das Fuchsgesicht ist ein ruhiger Fisch. Er besitzt nicht die Schnelligkeit und Gewandtheit etwa der Schmetterlingsfische. Als Riffbewohner benötigt er Versteckmöglichkeiten. Tagsüber jedoch schwimmt das Fuchsgesicht fast pausenlos und ohne Hast durch das Aquarium, das nicht zu klein sein darf. Artgenossen gegenüber kann der sonst friedliche Fisch aggressiv werden. Die gleichzeitige Unterbringung von zwei Fuchsgesichtern ist jedoch in einem genügend großen Becken durchaus möglich.

An den Strahlen der Rücken- und Afterflosse des Fuchsgesichts sitzen Giftdrüsen; eine wirksame Waffe, deren Sekret beim Menschen schmerzhafte Hautentzündungen hervorrufen kann.
Die anderen hin und wieder importierten Arten der Familie der Kaninchenfische übertreffen das Fuchsgesicht an Größe. Am bekanntesten ist der Genetzte Kaninchenfisch *Signanus vermiculatus,* der bis 40 cm lang wird. Er stammt aus dem Indopazifik und kann sich an Schönheit nicht mit *Lo vulpinus* messen, hält aber länger in der Gefangenschaft aus. An *Lo vulpinus* kann sich auch der Meeresaquarianer versuchen, dem Schmetterlings-, Kaiser- und Doktorfische fürs erste zu heikel sind.

Gewöhnlicher Fledermausfisch

Platax orbicularis

Zu den eigenartigsten Meeresfischen gehören die Jugendformen der Fledermausfische, Familie *Platacidae*. Die Rücken- und Afterflossen sind so weit verlängert, daß die eigentliche runde Form des Fischkörpers kaum noch zu erkennen ist. Die jungen Fledermausfische sind keine typischen Riffbewohner, sie halten sich vielmehr gern im trüberen, oft brackigen Wasser der Lagunen und der Mangrovenzone auf.

Wenn sie sich mit kaum erkennbaren Flossenbewegungen in den verschiedensten Lagen treiben lassen, erinnern sie eher an ein welkes, ins Wasser gefallenes Blatt denn an einen Fisch. Sie sind auf diese Weise hervorragend getarnt. Bei Gefahr legen sie die Flossen an und lassen sich – einem abgestorbenen Blatt ähnlich – zu Boden sinken.

Es gibt viele Varianten und Übergänge zwischen gestreiften und einfarbigen Jungfischen. Die Altfische von *Platax orbicularis* wirken fast einfarbig graubraun, ihre Flossen haben sich auf ein normales Maß zurückgebildet.

Fledermausfische sind widerstandsfähig. Sie lassen sich gut eingewöhnen und nehmen Nahrung aller Art an. In ihrer Heimat, dem Indischen und Pazifischen Ozean, fressen sie unter anderem Kot und über Bord geworfene Abfälle. In der Gefangenschaft sollen die Fledermausfische entweder einzeln, oder in einem kleinen Schwarm gleichgroßer Tiere gehalten werden. Sie sind recht schreckhaft und werden durch zu lebhafte Fische im Wohlbefinden beeinträchtigt. Leider werden Fledermausfische oft in schlechtem Zustand angeboten.

Die meisten Arten werden größer als 50 cm und benötigen ein großes, hohes Becken. Sie wachsen so schnell – bis 30 cm im Jahr –, daß der Liebhaber ihnen schon bald nicht mehr genügend Schwimmraum bieten kann. Außer dem Gewöhnlichen Fledermausfisch werden der in der Jugend sehr ähnliche Langflossen-Fledermausfisch *Platax teira* und – leider seltener – der besonders schöne Rotrand-Fledermausfisch *Platax pinnatus* eingeführt. Alle drei Arten gelten als anspruchslos. Die Eingewöhnung des Rotrand-Fledermausfisches ist schwieriger als die der beiden anderen Arten. Er wird – zweifellos ein Vorteil – nur 30 cm lang.

Pyjama-Kardinalbarsch

Apogon nematopterus

Das Hauptverbreitungsgebiet der Kardinalfische – Familie *Apogonidae* – sind die tropischen Meere. Doch auch im Mittelmeer finden wir eine Art. Es sind kleine barschartige Fische. Viele von ihnen, so auch der im Mittelmeer heimische Meerbarbenkönig *Apogon imberbis,* zeichnen sich durch herrliches Rot aus. Typisch für alle Kardinalfische sind die großen, auf nächtliche Aktivität hinweisenden Augen

und die geteilte Rückenflosse. Die meisten Kardinalfische finden sich außerhalb der Fortpflanzungszeit zu kleineren Schwärmen zusammen. Einige Arten der Familie leben auch im Brack- und Süßwasser.

Dem Pyjama-Kardinalbarsch fehlt das schöne Rot anderer Arten. Statt dessen besticht er durch eine reizvolle Netzzeichnung. Wahrscheinlich ist der Pyjama-Kardinalbarsch, ähnlich wie die zur gleichen Ordnung zählenden Cichliden, ein Maulbrüter. Jedenfalls wurde beobachtet, daß sich bei *Apogon imberbis* die befruchteten Eier im Mundraum des Männchens entwickeln. Wir dürfen annehmen, daß es sich bei *Apogon nematopterus* ähnlich verhält.

Der Pyjama-Kardinalbarsch, ein bis 8 cm langer Fisch des Indopazifiks, kommt vor allem in den Gebieten um Indonesien und Neu-Guinea vor. Seine Eingewöhnung bereitet keine Schwierigkeiten. Er nimmt meist von Anfang an jede Art von Futter. Über seine weitere Pflege jedoch liegen unterschiedliche Erfahrungen vor. Sie wird von den einen als schwierig bezeichnet, da der Fisch Schwankungen der Wasserqualität gegenüber empfindlich ist, von anderen aber als verhältnismäßig einfach. Der etwa 10 cm lange Gefleckte Kardinalbarsch *Apogon maculatus* wird seltener importiert. Er bewohnt den tropischen Atlantik von Florida bis Brasilien und ist bis auf zwei kleine schwarze Zeichnungen völlig rot. Als Dämmerungstier lebt er – im Gegensatz zur abgebildeten Art – recht versteckt. Er ist – einmal eingewöhnt – recht ausdauernd. Beide Kardinalbarsche sollten nicht zusammen mit temperamentvollen Fischen in einem Becken gehalten werden.

Violetter Feenbarsch

Gramma loreto

Immer wieder überrascht uns der unerschöpfliche Erfindungsreichtum und die unglaubliche Farbenpracht, mit der die Natur – allerdings nicht, um uns zu erfreuen – die Korallenfische bedacht hat. Einer der schönsten Korallenfische ist zweifellos der auch Königsgramma genannte Violette Feenbarsch. Die Familie der Feen- oder Zwergseebarsche *Grammidae,* zu der unser Fisch gehört, steht der Fa-

milie der Zackenbarsche *Serranidae* nahe, die eine größere Zahl oft recht stattlicher, für den Meeresaquarianer interessanter Fische enthält. Die Feenbarsche hingegen sind kleine Fische. *Gramma loreto* – auch als *Gramma hemichrysos* bekannt – wird nur 6 cm lang.

Das Juwelchen, ein weiterer deutscher Name für *Gramma loreto,* stammt aus dem Karibischen Meer. Es lebt meist als Einzelgänger in Tiefen von weniger als einem Meter bis zu etwa 70 Metern und führt in den Höhlungen der Riffe und unter ihren Überhängen ein recht verstecktes Leben. Auch im Aquarium entzieht es sich zeitweise unseren Blicken. Auf jeden Fall soll das Becken genügend Versteckmöglichkeiten bieten. Eigentümlicherweise schwimmt der Violette Feenbarsch stets mit zur nächstliegenden Wand gerichteter Unterseite. So kommt es, daß er manchmal auf der Seite liegend oder mit dem Rücken nach unten schwimmt.

Der Violette Feenbarsch wurde wiederholt

beim Putzen anderer Fische beobachtet. Die Pflege des wunderschönen Fisches ist nicht besonders schwierig. Er nimmt Futter beinahe jeder Art an. Im Alter werden die Fische aggressiv, so daß wir am besten nur ein Exemplar der Art pflegen. Wir sollten den Violetten Feenbarsch nicht gemeinsam mit wesentlich größeren und lebhafteren Fischen unterbringen. Da er gern springt, müssen wir das Becken gut abdecken. *Gramma loreto* hat mehrfach in der Gefangenschaft ein Nest gebaut und auch gelaicht. Die Aufzucht der winzigen Jungtiere gelang noch nie.

Ebenfalls aus dem Karibischen Meer stammt der ein wenig größere Schwarzkappen-Feenbarsch *Gramma melacara,* ein schöner purpurviolettfarbener Fisch mit schwarzem Oberkopf und teilweise schwarzer Rückenflosse, der bei uns kaum einmal im Handel auftaucht.

Harlekin-Süßlippe

Plectorhynchus chaetodonoides

Vor allem die lebhaftgefärbten Jungfische der Süßlippen — Familie *Plectorhynchidae* — sind attraktive, leider recht schwierige Aquarienfische. Am häufigsten werden Arten der Gattungen *Plectorhynchus* und *Gaterin* eingeführt. Auffallend sind die großen Unterschiede zwischen jungen und erwachsenen Fischen. Weil sich der Wechsel in das Alterskleid allmählich vollzieht, finden wir alle möglichen Über-

gänge, die eine Artbestimmung oft erschweren.

Plectorhynchus chaetodonoides besticht in seiner Jugendform durch große Flossen und bizarre Zeichnungen. Später lösen sich die braunen Partien in netzartige Muster auf, so daß der Fisch wie gesprenkelt aussieht. Bei *Plectorhynchus orientalis,* der Orientalischen Süßlippe, ist der Unterschied zwischen Jugend- und Alterskleid noch einschneidender. Aus den weißen Flecken werden Längslinien, die sich den ganzen Körper entlangziehen. Die Königs-Süßlippe *Plectorhynchus albovittatus* zeigt im Jugendkleid goldgelbe Streifen, die im Alter verschwinden. Die schaukelnden Bewegungen der Süßlippen — sie bewegen sich nur mit Hilfe der Brustflossen — erinnern an die Schwimmweise der Anemonenfische.

Die Harlekin-Süßlippe wird bis zu 45 cm lang. Sie bewohnt den Indomalaiischen Archipel und den westlichen Pazifik. Zumindest in der Jugend lebt sie in kleinen oder mittelgroßen Schwärmen, während sich die erwachsenen Fische absondern. Die Eingewöhnung ist alles andere als einfach. Der Fisch lebt in seiner Heimat von kleinen Tieren vieler Art, so daß wir ihm besonders abwechslungsreiches Futter anbieten müssen. Mit schnellfressenden Fischen darf er nicht gemeinsam in einem Becken untergebracht werden. Da alle für uns in Betracht kommenden Süßlippen gern den Boden nach Nahrung durchwühlen, sollte die Sandschicht des Beckens nicht zu knapp bemessen werden. Außerdem wollen die recht lebhaften Fische genügend Schwimmraum haben.

Goldstirn-Kieferfisch

Opisthognathus aurifrons

Der auch Brunnengräber oder Brunnenbauer genannte Fisch besticht nicht allein durch seine schönen Pastellfarben, auch seine höchst interessante Lebensweise hat zu seiner Beliebtheit beigetragen: Der kleine, höchstens 8 bis 12 cm lange Fisch aus der Familie der Kieferfische *Opisthognathudae* gräbt sich im flachen Wasser eine Wohnhöhle in den Grund, deren Rand er mit kleinen Steinen, kleinen Korallen-

bruchstücken oder ähnlichem Material befestigt. Diese Arbeit führt er mit dem Maul aus. Vor dieser Höhle lauert er, fast senkrecht auf der Schwanzflosse „stehend", auf vorbeischwimmende Beutetiere, die er blitzschnell mit dem großen Maul greift. Naht Gefahr, so zieht sich der Brunnenbauer, den Schwanz voran, eilig in die Höhle zurück, in der er auch die Nacht verbringt.

Höchstwahrscheinlich ist der Brunnenbauer ein Maulbrüter. Jedenfalls wurden bei zwei anderen Arten der Gattung – *Opisthognathus maxillosus* und *O. whitehurstii* – Männchen bei dieser Form der Brutpflege beobachtet.

Auch im Aquarium gräbt der Goldstirn-Kieferfisch seine Höhlen, ohne die er sich nicht sicher fühlt. Das Becken muß deshalb einen hohen Bodengrund enthalten, der am besten aus einem Sand- und Kieselgemisch besteht. Sand allein würde nachstürzen. Da der Goldstirn-Kieferfisch seine selbstgegrabene Höhle gegen Artgenossen heftig verteidigt, können wir ihn nur einzeln halten. Mit anderen Fischen verträgt sich der Brunnenbauer, schnellfressenden Nahrungskonkurrenten gegenüber ist er im Nachteil.

Die Eingewöhnung des Brunnengräbers — er ist ein Fisch des Karibischen Meeres — kann Schwierigkeiten bereiten. Wir müssen ihm kleines Lebendfutter aller Art anbieten, das wir unter Umständen nach guter Eingewöhnung teilweise durch kleingeschnittenes Muschel-, Krabben- oder Fischfleisch ersetzen können.

Picasso-Drückerfisch

Rhinecanthus aculeatus

Die eigentümliche, an ein abstraktes Bild erinnernde Färbung trug dem Picasso-Drückerfisch seinen deutschen Namen ein. Er ist der häufigste Drückerfisch in unseren Meeresaquarien. Viele Drückerfische – Familie *Balistidae* – zeigen prächtige Farben. Typisch für alle ist der aufrichtbare, dornartige erste Rückenflossenstrahl. Er läßt sich durch die beiden folgenden, zu einem Sperrgelenk ausgebildeten Strahlen verriegeln. Drückerfische

können sich auf diese Weise zwischen den Spalten des Riffs festklemmen, ohne daß die Brandung sie wegspülen oder ein Feind sie hervorzerren kann. Die meisten Drückerfische leben als Einzelgänger.

Auffallend sind außerdem die großen, kräftigen Zähne der Drückerfische, die sie befähigen, hartschalige Meerestiere, wie Muscheln, Schnecken, Krabben usw., zu knacken. Manche Arten fressen besonders gern Seeigel. Ganz oder teilweise im Sand verborgene Beutetiere legen sie mit einem starken Wasserstrahl frei, den sie auf den Sand blasen. Die Drückerfische sind keine besonders guten Schwimmer. Das ist wohl auch der Grund, weswegen sie gern über kranke Fische herfallen, denen sie zuerst die Augen ausbeißen. Das Leben im Korallenriff — dem Betrachter eines Schaubeckens kommt es so friedlich vor — ist in Wirklichkeit Kampf ums Überleben.

Der bis 30 cm lange Picasso-Drückerfisch besitzt ein großes Verbreitungsgebiet im Indischen und im Pazifischen Ozean.

Eine sehr ähnliche Art, der Helle Picasso-fisch *Rhinecanthus assasi,* ist im Roten Meer heimisch. Der Picasso-Drückerfisch schwimmt im Riff oft dicht unter der Wasseroberfläche. Auf Tahiti zum Beispiel konnte ich von einem Landungssteg aus beobachten, wie er sich bei Ebbe in seichten Fluttümpeln aufhielt.

Der Picasso-Drückerfisch gehört zu den widerstandsfähigsten Bewohnern des Meeresaquariums. Er ist recht angriffslustig und kann nicht mit seinesgleichen, sondern nur mit gleich großen oder größeren Fischen anderer Familien untergebracht werden. Er nimmt tierische Nahrung jeder Art an. Wir dürfen aber nicht vergessen, ihm von Zeit zu Zeit hartschalige Nahrung — Muscheln, Schnecken usw. — anzubieten, damit die großen Zähne abgenutzt werden. Das Becken sollte Versteckmöglichkeiten und Sandboden enthalten. Auf Hawaii hat der Picasso-Drückerfisch den klangvollen Namen

Humuhumu—nukunuku—a—pua'a.

Königin-Drückerfisch

Balistes vetula

Mit 50 cm Länge gehört *Balistes vetula* zu den stattlichsten Drückerfischen. Die meisten Arten dieser Familie werden aus dem Indopazifik und dem Roten Meer eingeführt. Der Königin-Drückerfisch ist jedoch auf beiden Seiten des tropischen Atlantiks bis nach Südafrika und Brasilien und im Karibischen Meer heimisch. Der ebenfalls atlantische, nicht an die Riffe gebundene Schweins-Drückerfisch *Balistes*

capriscus (Balistes carolinensis) dringt bis ins Mittelmeer vor und wurde gelegentlich sogar in der Nordsee gefunden.

Der Königin-Drückerfisch bewohnt einzeln oder zu zweit Korallenriffe und die sich anschließenden Sandflächen und Seegrasfelder. In Westindien führt der etwas grimmig aussehende Fisch den volkstümlichen Namen „old wife".

Balistes vetula ist ein dankbarer Aquarienfisch und verhält sich den Mitgliedern anderer Familien gegenüber recht friedlich. Leider wächst er schnell und wird bald zu groß für ein normales Seewasseraquarium. Die Ernährung gleicht der des Picasso-Drückerfisches. Die eigenartigen Schlafstellungen der Drückerfische – sie ruhen in allen möglichen und unmöglichen Stellungen – dürfen uns nicht beunruhigen.

Außer den beiden abgebildeten Drückerfischen gehören zur Familie der *Balistidae* noch viele schöne und dankbare, oft auch recht kostspielige Arten. Der begehrteste

und teuerste Drückerfisch ist der sehr schöne indopazifische Leoparden-Drückerfisch *Balistoides conspicillum*. Er wird bis zu 50 cm groß und ist etwas empfindlicher als andere Drückerfische. Er eignet sich nicht für den Anfänger.
Sehr attraktiv, aber auch sehr streitsüchtig ist der nur bis zu 30 cm lange Goldstreifen- oder Orangestreifen-Drückerfisch *Balistapus undulatus*. Der in seiner Heimat gesellige Rotzahn-Drückerfisch *Odonus niger* hingegen gilt als recht friedlich. Der bis zu 50 cm lange Fisch stammt aus dem Indopazifik und dem Roten Meer und hat sich als besonders ausdauernd bewährt. Hübsch ist auch der etwa 40 cm lange indopazifische Rotschwanz-Drückerfisch *Melichthys vidua*.

Gelber Kofferfisch

Ostracion tuberculatus

Zu den sonderbarsten Korallenfischen gehören die Kofferfische — Familie *Ostraciontidae.* Den Körper dieser oft lebhaftgefärbten Fische umgibt ein aus sechseckigen Knochenplatten zusammengesetzter Panzer, aus dem nur das Maul, die beweglichen Augen, der Schwanz und die Flossen hervorschauen. Obwohl dieser Panzer das Schwimmen erschwert, „paddeln" die Kofferfische unentwegt hin und

her. Sie sind wendiger als sie aussehen. Bei Gefahr und vor allem im Sterben sondern manche Arten ein Gift ab, das auf andere Fische tödlich wirkt. Ein sterbender Kofferfisch kann deshalb den ganzen Bestand eines Aquariums gefährden. Typisch für alle Kofferfische ist ferner die große Veränderlichkeit von Farbe und Zeichnung. Sie hängt von Herkunft und Alter der Fische ab.

Der auch Schwarzpunkt-Kofferfisch genannte Gelbe Kofferfisch zeigt das schöne Gelb nur in der Jugend. Später dunkelt die Grundfarbe nach. Die Flecke sind entweder völlig schwarz oder zweifarbig wie auf dem Foto. Mit zunehmendem Alter wird die Körperform länger.

Der bis 45 cm lange, im Indopazifik heimische Gelbe Kofferfisch ist ein friedlicher, nur seinesgleichen gegenüber angriffslustiger Fisch. Er wird schnell zahm und nimmt das Futter aus der Hand des Pflegers. Die Eingewöhnung ist allerdings nicht leicht. Wesentlich ist abwechslungsreiche tierische — auch lebende — und pflanzliche Nahrung. Kofferfische mit eingefallenen Seiten sollten wir nicht erwerben. Sie sind schlecht ernährt, und es ist schwierig, diese Tiere wieder aufzupäppeln. Hautverletzungen — auch darauf müssen wir beim Kauf achten — führen leicht zu schwerwiegenden Infektionen.

Ein anderer hübscher Kofferfisch des Indopazifiks ist *Ostracion lentiginosum*, der dunkle, weißgepunktete Weißpunkt-Kofferfisch. Mit 20 cm Länge gehört er zu den kleinsten Arten der Gattung. Als besonders bizarrer Geselle sei der Langhorn-Kofferfisch *Lactoria cornuta* erwähnt. Er wird bis zu 50 cm lang und besitzt an Kopf und Bauch je zwei lange Stacheln.

Gewöhnlicher Igelfisch

Diodon hystrix

Der Körper der Igelfische – Familie *Diodontidae* – ist, der Name sagt es, mit Stacheln bedeckt. Bei Gefahr blasen sie sich, ähnlich wie die Kugelfische – Familie *Tetraodontidae* –, ballonartig mit Wasser auf. Die Stacheln von *Diodon hystrix* werden beim Aufblasen aufgerichtet, andere Arten, zum Beispiel der Langhorn-Igelfisch *Chilomycterus schoepfi*, besitzen feststehende Stacheln. Es ist

falsch, die Fische zu veranlassen, sich außerhalb des Wassers mit Luft vollzupumpen: Sie können die Luft nur mühsam wieder ausstoßen. Die kräftigen Zähne der Igelfische beweisen, daß ihre natürliche Nahrung zum größten Teil aus hartschaligen Meerestieren besteht. Beide Augen bewegen sich unabhängig voneinander.

Die Igelfische bewohnen tropische Korallenriffe und die an sie angrenzenden Gebiete. Ihre Beute legen sie — nach Art der Drückerfische — durch Wegblasen des Sandes frei. Dieses Verhalten erklärt, weshalb Igelfische bisweilen ihrem Pfleger, der ihnen ja das Futter bringt, einen Wasserstrahl entgegenblasen.

Der Gewöhnliche Igelfisch ist in allen tropischen Meeren heimisch und gelangt als Irrgast sogar bis zu den Küsten Europas und ins Mittelmeer. Er wird in der Natur — nicht im Aquarium — bis 90 cm lang. Seine Haltung ist nicht allzuschwer. Er wird so zahm, daß er seine Nahrung —

Muschelfleisch, Krebsfleisch usw. — aus der Hand des Pflegers nimmt. Wir dürfen nicht vergessen, ihm zusätzlich heile Muscheln, Schnecken und Krabben zu reichen, damit er die für sein Wohlbefinden nötigen Ballaststoffe aufnehmen kann. Leider sind alle Igelfische sehr empfindlich gegen Infektionskrankheiten, vor allem gegen *Oodinium* und *Cryptokarion.* Anderen Fischen gegenüber verhalten sich die untereinander streitsüchtigen Tiere friedlich. In der Gesellschaft unruhiger Fische indes fühlen sie sich nicht wohl.

Der ebenfalls in allen tropischen Meeren verbreitete Braunflecken-Igelfisch *Diodon holacanthus* wird 50 cm lang, während der bereits erwähnte, im tropischen Atlantik und Karibischen Meer heimische Langhorn-Igelfisch eine Höchstlänge von 25 cm erreicht.

Geistermuräne

Rhinomuraena amboinensis

Muränen – Familie *Muraenidae* – gegenüber bestehen – wie bei Schlangen – manche instinktiven Vorurteile. Der lange Körper dieser aalartigen Fische erinnert tatsächlich an diese Reptilien. Das Fehlen der Brustflossen unterstreicht dieses Aussehen noch. Das scharfe Gebiß der Muränen wirkt auf viele Betrachter unheimlich, und schließlich sind manche dieser aalähnlichen Fische ebenso giftig wie gefährliche Giftschlangen.

Die tropischen Korallenriffe bieten den Muränen hervorragende Schlupfwinkel und Verstecke. Dort lauern sie anderen Fischen auf, um sie überraschend schnell zu packen. Andere Arten graben sich bis zum Kopf in den Sand ein und warten dort auf Beute. Im Mittelmeer lebt die als Speisefisch beliebte Mittelmeer-Muräne *Muraena helena.* Muränen fallen weniger durch abwechslungsreiche Form und leuchtende Farben auf als durch reizvolle Netz-, Ringel- und Fleckenzeichnungen.

Die meisten Muränen werden zu groß für unser privates Meeresaquarium. Als Dämmerungs- und Nachttiere sind sie weniger sichtbar als andere Fische. Trotzdem werden einige Arten mehr oder weniger regelmäßig eingeführt und auch von Liebhabern gehalten.

Die schönste Muräne ist zweifellos die auch Hasenohr-Muräne genannte abgebildete Art. Das leuchtende Blau zeigen allerdings nur Jungtiere. Es dunkelt später zu einem Braunschwarz nach. *Rhinomuraena amboinensis,* eine pazifische Art, wird meist von den Philippinen importiert. Typische Kennzeichen der Geister-Muränen – wir kennen bisher nur zwei Arten der Gattung *Rhinomuraena* – sind die beiden großen Hautlappen, welche die Nasenöffnungen fortsetzen. Muränen besitzen einen gut entwickelten Geruchssinn.

Die bis 90 cm lange Geister-Muräne ist ein recht friedfertiger Fisch. Sie kann auch zu mehreren in einem Becken gehalten werden. Mit anderen Fischen können Muränen nur in Gesellschaft gehalten werden, wenn diese Tiere zu groß sind, um als Beute in Betracht zu kommen. Die Eingewöhnung der Geister-Muräne ist schwierig, ist sie indes einmal eingewöhnt, hält sie sich gut. Später läßt sie sich auf tierisches Ersatzfutter, vor allem auf Fischfleisch, umstellen.

Weißstrahlen-Feuerfisch

Pterois radiata

Die bizarren Feuerfische — in keinem Schauaquarium fehlen sie — bewähren sich auch bei uns als dankbare Aquarienbewohner. Weil sie aber giftig sind — an der Wurzel der Rückenflossenstrahlen sitzen Giftdrüsen —, ist beim Umgang mit diesen schönen Tieren Vorsicht geboten. Das für andere Fische tödliche Gift beeinträchtig beim Menschen vor allem den Kreislauf. Als Gegenmittel wird Kobra-

Serum empfohlen; seine Wirkung jedoch ist nicht bewiesen. Viel gefährlicher ist der hervorragend getrarnte Steinfisch *Synanceja verrucosa*. Er gehört zur Familie der Drachenköpfe *Scorpaenidae*, wie auch die Feuerfische. Im Aquarium machen die Feuerfische glücklicherweise anderen Fischen gegenüber keinen Gebrauch von ihren giftigen Rückenstrahlen.

Die Feuerfische der Gattungen *Pterois* und *Dendrochirus* (Zwergfeuerfisch) sind typische Bewohner der indopazifischen Korallenriffe. Dort finden sie genügend Verstecke, von denen aus sie ihrer Beute, meist anderen Fischen, auflauern, oder Nischen, in die sie — das wurde beim Rotfeuerfisch *Pterois volitans* beobachtet — mit ihren großen Flossen Beutefische wie in eine Falle treiben. Versucht das Opfer durch eine transparente Flossenstelle, die einen Durchlaß vortäuscht, zu entweichen, so wird es vom Rotfeuerfisch ergriffen. Der Weißstrahlen-Feuerfisch, der schönste Feuerfisch, ist im Pazifik, dem Indischen

Ozean und dem Roten Meer heimisch. Er wird bis 20 cm lang, während der bekanntere Rotfeuerfisch 35 cm Länge erreicht. Am kleinsten bleibt mit ca. 17 cm Länge der Zwergfeuerfisch *Dendrochirus brachypterus.*

Alle Feuerfische sind dankbare, gut zu haltende Aquarienbewohner. Zur Eingewöhnung, die beim Weißstrahlen-Feuerfisch etwas schwieriger ist als bei anderen Arten, benötigen sie auf jeden Fall Lebendfutter, das wir später teilweise durch tote tierische Kost ersetzen können. Kleinere Fische, die als Beute angesehen werden, gehören selbstverständlich nicht mit den Feuerfischen in ein Becken. Mit gleichgroßen oder größeren Fischen können wir sie jedoch zusammensetzen. Ihre vorwiegend nächtliche Lebensweise geben die Feuerfische auf, wenn wir sie am Tage füttern. Selbstverständlich brauchen sie Versteckmöglichkeiten.

Schutzumschlag:

Gelbschwänzchen

Chromis xanthurus

Das Gelbschwänzchen – wie *Abudefduf, Dascyllus, Amphiprion, Pomacentrus* und *Premnas* ein Riffbarsch – gehört zu den unempfindlichsten und schönsten für den Anfänger geeigneten Korallenfischen. Es nimmt fast immer willig Ersatzfutter jeder Art und ist verhältnismäßig einfach zu halten. In freier Natur leben vor allem die Jungfische in Schwärmen zusammen. Obwohl sie gern zanken, sollten wir die

Fische auch im Aquarium in einem kleinen Schwarm halten. Allerdings muß das Bekken genügend Platz zum Ausweichen bieten. Ein stark verästelter Korallenstock, in den die Fische bei Gefahr fliehen, gibt ihnen auch in der Gefangenschaft das Gefühl der Sicherheit. Mit zunehmendem Alter – *Chromis xanthurus* wird 10 bis 11 cm lang – dunkelt leider das schöne Blau der jüngeren Fische. Gleichzeitig werden die Tiere angriffslustiger gegen ihresgleichen.

Das Blaugrüne Jüngferchen *Chromis caeruleus,* ein bläulich grün beschuppter, bis 12 cm langer Fisch aus dem Roten Meer und dem Indopazifik, zeigt ein ähnliches Verhalten wie das Gelbschwänzchen und gilt als ebenso anspruchslos. Der in der Jugend blaue, später jedoch unscheinbar grauschwarze Mönchsfisch *Chromis chromis* bewohnt die subtropischen atlantischen Küsten Nordafrikas und das Mittelmeer. Auch er eignet sich gut für den beginnenden Seeaquarianer. *Pomacentrus melanochir,* die Gelbschwanz-Demoiselle – ein anderer Riffbarsch –, ähnelt dem Gelbschwänzchen sehr, wird aber nur 7 cm lang. Leider verliert auch dieser leicht zu haltende Fisch im Alter seine leuchtenden Farben. Er ist bissiger als das Gelbschwänzchen und kommt deshalb weniger für die Haltung im Schwarm in Betracht.

Literatur

P. Chlupaty: Doktor- und Kaiserfische, Kernen-Verlag, Stuttgart.

P. Chlupaty: Schmetterlingsfische, Kernen-Verlag, Stuttgart.

F. de Graaf: Das tropische Meeresaquarium, Neumann-Neudamm, Melsungen.

J. Grobe: Das Korallenaquarium, Kernen-Verlag, Stuttgart.

W. Klausewitz: Kleine Meeres-Aquaristik, Albrecht-Philler-Verlag, Minden.

H. J. Mayland: Das Meerwasser-Aquarium, Falken-Verlag, Wiesbaden.

W. Neugebauer: Korallenfische im Aquarium, Franckh, Stuttgart.

W. Wickler: Das Meeresaquarium, Franckh, Stuttgart.

Aquarienzeitschriften, die sich regelmäßig mit der Meeresaquaristik beschäftigen:

Aquarienmagazin, Franckh, Stuttgart.

Das Aquarium, E.-Pfriem-Verlag, Stuttgart.

DATZ — Die Aquarien- und Terrarienzeitschrift, Kernen-Verlag, Stuttgart.

TI — Tatsachen und Informationen aus der Aquaristik, Tetra-Werke, Melle i. W.

Bücher mit Naturaufnahmen:

H. W. Fricke: Korallenmeer, Belser, Stuttgart.

D. Faulkner/L. Smith: Geheimnisvolle Meerestiefen, Bucher, Luzern.

Wer sich systematisch mit Meeresfischen beschäftigen möchte, muß auf englischsprachige Literatur zurückgreifen. Über viele Gebiete gibt es oft reich bebilderte Bestimmungsbücher.

Inhaltsverzeichnis

In der Reihe „Kleine Kostbarkeiten" sind vom gleichen Verfasser im Landbuch-Verlag erschienen:

Beliebte Aquarienfische

136 Seiten mit 28 Farbfotos, Leinen DM 6,80

Hier findet insbesondere der Anfänger alles, was er über Aquarienfische und ihre Haltung wissen muß. Durch die ansprechende Aufmachung eignet sich das Werk auch als Geschenk.

Südliche Gehölze

126 Seiten, 28 vierfarb. Fotos, Leinen DM 6,80

29 der schönsten und wichtigsten Bäume, Sträucher und Ranker des Mittelmeergebietes werden in Wort und Bild (herrliche Farbfotos) vorgestellt.

Orchideen im Heim

180 Seiten mit 28 vierfarbigen Fotos und über 100 Strichzeichnungen Leinen DM 6,80

Von den farbenprächtigen Orchideen wurden diejenigen ausgewählt, die am leichtesten gehalten werden können. Das nette Bändchen enthält in tabellarischer Form auch botanische Angaben sowie Anleitungen zur Pflege.

Schnittblumen

129 Seiten, 28 vierfarb. Fotos, Leinen DM 6,80

Dieses nette Geschenkbüchlein antwortet auf die häufigsten Fragen über Schnittblumen und ihre Pflege. Unsere Blumen werden uns vertrauter und lohnen die Mühe durch längere Haltbarkeit.

Wildfrüchte

124 Seiten, 28 vierfarb. Fotos, Leinen DM 6,80

Dieses Buch enthält Vorschläge für die Verwendungsmöglichkeiten vieler Wildfrüchte.

Blumen südlicher Gärten

124 Seiten, 28 vierfarb. Fotos, Leinen DM 6,80

Farbfotos und Beschreibungen von 29 Blumen des Mittelmeergebietes. Eine willkommene Hilfe für die von der Schönheit südlicher Flora begeisterten Touristen.

Sittiche — Papageien

140 Seiten mit 28 Farbfotos, Leinen DM 6,80

29 besonders farbenprächtige Papageien-Arten werden in Wort und Bild vorgestellt. Im Text das Wichtigste über ihr Leben in der Natur sowie über Pflege, Zucht und Zähmbarkeit in der Gefangenschaft.